Simone Hornung

Was kostet eine Kilowattstunde aus Batterien?

Wie lange müsste die Sonne scheinen bis die Solarzelle eine Kilowattstunde abgegeben hat?

GRIN Verlag

Bibliografische Information der Deutschen Nationalbibliothek:

Die Deutsche Bibliothek verzeichnet diese Publikation in der Deutschen National-
bibliografie; detaillierte bibliografische Daten sind im Internet über http://dnb.d-
nb.de/ abrufbar.

Impressum:

Copyright © 2002 GRIN Verlag GmbH
Druck und Bindung: Books on Demand GmbH, Norderstedt Germany
ISBN: 978-3-640-81505-0

Dieses Buch bei GRIN:

http://www.grin.com/de/e-book/75161/was-kostet-eine-kilowattstunde-aus-batte-
rien

Pädagogische Hochschule Karlsruhe

Fakultät III Institut für Mathematik und Informatik

Abteilung Physik

Interdisziplinäres Lehren und Lernen

Hauptseminar:

„Was wiegt die Luft im Klassenzimmer?"

(Und andere interdisziplinäre Beispiele wie Rechnen

zum Erlebnis werden kann)

AUSARBEITUNG DES THEMAS

Was kostet eine Kilowattstunde aus Batterien?

Wie lange müsste die Sonne scheinen bis die Solarzelle eine Kilowattstunde abgegeben hat?

Simone Hornung

Sommersemester 2002

Inhaltsverzeichnis

Vorwort: Eine Bestandsaufnahme

Physik – das unbeliebte Fach in der Schule

Physik ist bei den meisten Schülern ein unbeliebtes Fach. Dies ist auch der Grund, weshalb es gerne nach der elften Klasse abgewählt wird. Erkundigt man sich nach der Ablehnung gegenüber der Physik, so erhält man häufig die Antwort, dass der Unterricht schrecklich sei, da man die Physik nicht versteht und nicht nachvollziehen kann. Der derzeitige Physikunterricht beschränkt sich sehr einseitig auf die Vermittlung von Faktenwissen und trägt kaum zu Einsichten, sowie Interessen bei, auch die Bedürfnisse der Schülerinnen und Schüler bleiben unberücksichtigt. Nach genaueren Untersuchungen jedoch kann man feststellen, dass es nicht die Inhalte und Themen sind, welche die Kinder nicht mögen, sondern die Art der Darstellung wie das Fach Unterricht wird. Der Physikunterricht wird zu abstrakt und alltagsfremd abgehalten. Dabei ist die Physik selber sehr lebensnah und bietet eine enorme Zahl von Beispielen aus dem Alltag an. Grund für uns, dieses Seminar zu besuchen war, zu erfahren wie man Schülerinnen und Schüler für das Fach begeistern kann und es lebensnah den Kindern vermittelt.

Einleitung Lernen durch Handeln

„Einen Gegenstand erkennen heißt, in Bezug auf ihn handeln und ihn transformieren, um die Mechanismen dieser Transformation in Verbindung mit den transformierenden Handlungen selbst zu erfassen.“[1] Jean Piaget 1973

Jean Piagets Gedanken zur Entwicklungspsychologie gehören bis heute zu einem der am weitesten durchgeführten Ansätze. Auch in der Physik, so weisen Backhaus und Schlichting[2] darauf hin, spielen sie eine große Rolle und haben an Einfluss in den vergangenen Jahren deutlich zugenommen. Gründe dafür dürften sein, dass Piaget der Didaktik ein plausibles Modell für das menschliche Erkennen, insbesondere für den Erwerb physikalischer Begriffe anbietet und auch ein Grobschema für eine unterrichtsnahe Ermittlung des Lernstandes der Schüler und der gerade vorherrschenden Denkweisen, was für junge Lehrer von zentraler Rolle ist.

Nicht zu vergessen, entwickelte Piaget eine geistvolle, wissenschaftstheoretische Position, die geeignet scheint einen Beitrag zur Einebnung des Grabens zwischen naturwissenschaftlich und geisteswissenschaftlich orientierten Wissenschaftlern zu liefern. Doch die wesentlichen Aussagen der Theorie Piagets sind, dass nur Teile der Wirklichkeit, die aufgrund eines spezifischen erkenntnisleitenden Interesses besonderes Gewicht erhalten, auf ein vereinfachtes Denkmodell abgebildet werden können. Neue Erkenntnisse, so Piaget, werden gewonnen durch neue Informationen aus der Umwelt, die durch Handeln (zum Beispiel durch Zählen, Messen, Kombinieren, Experimentieren etc.) erworben werden. Backhaus erläutert, dass Piaget unter Handlungen Transformationsprozesse zusammenfasst, durch die das Neue nach dem Merkmal der Ähnlichkeit an die bereits existierenden Schemata angepasst wird. Ebenso das Erkennen, das auf Vergleichen beruht; das Unbekannte wird mittels des Bekannten zu erfassen versucht. Backhaus ist der Ansicht, dass die Erkenntnismöglichkeiten eines Subjektes sehr stark von seinen Handlungsmöglichkeiten abhängen, vor allem aber von der Strukturiertheit, Differenziertheit und Koordination des kognitiven Systems. Durch das aktive Handeln entstehen demnach Erkenntnisse und durch diese entspringt Intelligenz. Es muss aber auch erwähnt werden, dass Handeln, auch wenn es mit Mitteln des Denkens funktioniert, Handlungen vollzieht und koordiniert, jedoch in einer verinnerlichten

---

[1] Piaget 1973, S. 31, In: Backhaus & Schlichting: Physikunterricht 5-10, S. 21ff
[2] Backhaus & Schlichting: Physikunterricht 5-10, S. 21ff

4

überlegenden Form. Diese verinnerlichten Handlungen sind nichts anderes als die Operationen.

Backhaus und Schlichting schließen sich der Auffassung von Jung[3] an, dass die geistige Entwicklung inhaltsbestimmt betrachtet werden muss, in einem weitaus stärkeren Ausmaß als Piaget vorschlägt. Inhaltliche Momente, spezielle Weltbilder oder Mechanismen, also die Vorstellungen der Schüler, spielen in ihrem Denken eine nicht zu unterschätzende Rolle. Da ein großer Teil des Gelernten aus dem Alltagsdiskurs hervorgeht, kommt der Alltagspraxis und der Alltagssprache für die Schülervorstellungen eine besondere Bedeutung zu.

Eine Einigkeit herrscht unter den Wissenschaftlern allerdings in dem Punkt, dass das Argument des eigenen Handelns bei der Entwicklung der Erkenntnisfähigkeit und damit der Intelligenz der Schüler eine wichtige Rolle spielt. Den physischen Erfahrungen und dem konkret handelnden Umgang mit den Objekten der Umwelt kommt dabei insbesondere bei jüngeren Schülern eine Schlüsselstellung zu. Dabei handelt es sich um keine neuentdeckte Einsicht. Martin Wagenschein hat sich mit unzähligen Beispielen und Anregungen im Rahmen seines Begriffs des genetischen Lernens für die Förderung der Schüleraktivitäten eingesetzt. Und gerade deswegen ist es wichtig, dass der Unterricht schülerbezogen ist, das heißt, dem alltäglichen Leben der Schüler angepasst wird, damit die Schülerinnen und Schüler verstehen was sie lernen und auch die Bedeutung für das Leben sehen.

---

[3] Jung, 1978: S. 125; In: Backhaus und Schlichting: Physikunterricht 5-10, S. 21ff

Kapitel 1   Vorstellung des Themas:

Die Batterie existiert schon lange und erfüllt ihren Nutzen beispielsweise zum Start eines Motors. Inzwischen hat sich das Einsatzspektrum verändert. Neben dem kräftigen Energieschub zum Anlassen der Maschine muss die Batterie heute zusätzlich zahlreiche Kleinverbraucher über einen längeren Zeitraum mit Energie versorgen. Dazu zählen beispielsweise Geräte für die elektronische Navigation, Autopiloten, die Innenraum- und Cockpitbeleuchtung, Kühlschrank und Radio. Aber auch Fernseher, Videogerät, Mikrowelle und Kaffeemaschine hängen, mit oder ohne Umformer, am 12 Volt Bordnetz. Industrie und Werften haben diesem Trend längst Rechnung getragen. Die Batteriehersteller, in dem sie spezielle Starter- und Verbraucherbatterien auf den Markt gebracht haben, die Bootshersteller durch die Installation von zwei getrennten Batteriekreisläufen. Mit diesen hier beschriebenen widerauflabaren Akkus wird der Versuch allerdings nicht durchgeführt. Sie könnten zwar benutzt werden, doch wäre dies deutlich aufwendiger.

Daher möchten wir uns bei der Durchführung ausschließlich auf Batterien beschränken, die weggeworfen werden, wenn sie leer sind, also auf so genannte „Primärelemente".

- *Was kostet eine Kilowattstunde (KWh) aus Batterien?*

- *Wie lange müsste die Sonne scheinen, bis die Solarzelle 1 Kilowattstunde abgegeben hat?*

Kapitel 2   Didaktische Analyse

2.1   Einordnung des Themas in den Lehrplan:

Das Thema „Was kostet eine Kilowattstunde aus Batterien" findet sich im Lehrplan nicht, aber man könnte es im Unterricht mit Schülern behandeln, wenn folgende mathematischen und physikalischen Fähigkeiten und Fertigkeiten durchführbar sind:

MATHEMATISCHE KENNTNISSE:

* Dreisatz
* Auflösung nach einer Unbekannten
* Umrechnungen von Maßen und Größen
* Schätzen und Überschlagen

PHYSIKALISCHE KENNTNISSE:

* Erfahrungen im Umgang mit Messgeräten
* Vorkenntnisse über den elektrischen Stromkreis
* Zusammenhang von Strom/Spannung (elektrischer Leistung)
* Errechnen der elektrischen Leistung
* Grundinformationen über den Aufbau einer Solarzelle

Bezug zum Bildungsplan

MATHEMATIK

Schon in der 5. Klasse wird in der Hauptschule in der LPE 3 Sachrechnen das Schätzen und Messen von Größen behandelt, dabei sollen die Schüler Größenbereiche kennen lernen und Maßeinheiten umwandeln sowie mit Größen rechnen. Der Zweisatz / Dreisatz, der für dieses Thema unverzichtbar ist, soll in der 6. und 7. Klassenstufe Inhalt sein. Aufgaben des täglichen Lebens und selbstständiges Lösen soll gefördert werden. Dies würde bei dem gewählten Thema zutreffen, da die Schüler versuchen können, eigene Ideen zur Lösung des dargestellten Problems zu finden. Der Bildungsplan sieht deshalb vor, gerade Problemstellungen aus den Naturwissenschaften aufzugreifen und diese mathematisch zu lösen.

In der 8. Klasse soll dabei speziell darauf eingegangen werden, dass Gleichungen und Formeln nach einer bestimmten Variablen aufgelöst werden.

PHYSIK

Die für unser Thema benötigten Fähigkeiten und Kenntnisse finden sich hauptsächlich in der 8. Klasse in der LPE 2 Der Stromkreis und in der 9. Klassenstufe in der LPE 1 und 2 Elektrizität im Alltag und Energieumwandlung, Energienutzung und deren Auswirkungen auf die Umwelt. In der 10. Klasse wird dann noch auf elektrische Begriffe und Wechselstrom eingegangen, was für unser Thema auch von Bedeutung ist.

2.2   Behandlung des Themas

Es wäre nahe liegend unser Thema in der 9. Klasse einzuplanen, da die Schüler ihre Vorerfahrungen, die sie in der 8. Klasse bei der LPE Der Stromkreis erworben haben, zu wiederholen. Hinzu kommt, dass sie über die in der 8. Klasse erworbenen Kenntnisse, wie Messungen in einfachen und verzweigten Stromkreisen verfügen, so dass es keine Probleme geben dürfte bei den notwendigen Versuchen. Des Weiteren sind den Schülern die Einheiten der Spannung und der Stromstärke vertraut, ebenso wie Umrechnungen zu diesen Größen. Es würde sich anbieten, das Thema mit der LPE 2 in der 9. Klasse zu verbinden, da sie die Möglichkeit haben über regenerative Energien zu sprechen. Dabei könnte dann die Solarenergie bzw. die Solarzelle näher betrachtet werden. Dabei können auch auf Energiesparmaßnahmen im persönlichen Bereich der Schüler und die Bedeutung der Energie für unser Leben zur Sprache kommen. Zudem sollte man aber sichergehen, dass LPE 1 im Unterricht behandelt und verstanden wurde und davon ausgehend, dann dieses Projekt aufbauen. Die LPE 1 beinhaltet neben Leistungsvergleichen elektrischer Geräte auch das Errechnen der elektrischen Arbeit und der Leistung. Die Schüler würden somit nicht überfordert werden und Verständnisschwierigkeiten würden sicherlich keine auftreten. Die Lehrkraft hätte aber die Möglichkeit das Thema, je nach Leistungsstand der Schüler, anzupassen, indem sie unterschiedliche Lösungsversuche zulässt und die Schüler

damit eigene Erfahrungen sammeln lässt und sie selbstständig ihren Fähigkeiten und Fertigkeiten entsprechend arbeiten lässt.

2.3   Gegenwarts – und Zukunftsbedeutung

Strom spielt im alltäglichen Leben jedes Menschen eine Rolle, da wir heutzutage ohne ihn nicht mehr auskommen würden. Auch bei den Schülern kommt er jeden Tag in verschiedenster Art und Weise zum Einsatz.

Die Bedeutung von Strom, Stromkosten (aus Batterien) dürfte für die Schüler eine interessante Frage sein. Ebenso die Frage nach der Alternative Solarenergie, da heutzutage die Bedeutung von Energie durch die Sonne zunimmt und vermehrt Diskussionen über regenerative Energien auftreten. Zudem werden in Schulen immer öfters Photovoltaikanlagen auf - und Energiesparpläne erstellt, so dass die Schüler ein Problem behandeln, dass ihnen schon bekannt sein dürfte und dem sie schon in vielfältiger Weise begegnet sind. Die Kinder sollen sich durch die Auseinandersetzung der Problemstellung über die Lage bewusst werden, wie teuer Strom aus Batterien im Gegensatz zu gängigen Stromanbietern ist und Strom als Luxus unser Zeit schätzen lernen. Durch die Messungen mit Solarzellen soll dabei gezeigt werden, wie lange es dauert, bis man Strom für eine Kilowattstunde hat. Dadurch wird den Schülern die Bedeutung von Strom dargestellt und sie werden verstehen, weshalb man mit Strom sparsam umgehen sollte. Zudem soll ihnen durch die Solarzellen veranschaulicht werden, dass die Stromgewinnung aus Solarzellen zwar eine Alternativlösung ist, aber riesige Anlagen dazu erforderlich sind um Strom beispielsweise für eine Schule zu erzeugen und dies nicht ganz einfach ist. Gerade heutzutage, wo in allen Medien Werbung von Stromanbietern gemacht wird, dürfte es für die Kinder einen besonderen Reiz haben sich mit dem Thema Strom, bzw. Strom aus Batterien, Strom aus Solarzellen auseinander zu setzen. Dabei wird auch die Bedeutung der Stromgewinnung in der Zukunft eine entscheidende Rolle spielen und somit dem Thema die nötige Brisanz verschaffen.

Kapitel 3   Lernzielanalyse

3.1.   Richtziel

- Auseinandersetzung mit physikalisch –mathematischen Sachverhalt über unterschiedliche Stromgewinnung und einen Alltagsbezug der Mathematik herzustellen

3.2   Grobziele

- Lösungsmöglichkeiten für das dargestellte Problem selbstständig entwickeln:
  - ❖ Dauer einer Kilowattstunde aus Solarzellen zu erzeugen
  - ❖ Kosten einer Kilowattstunde aus Batterien errechnen

3.3   Feinziele

- Errechnen des Preises einer Kilowattstunde aus Batterien
- Preisvergleich einer Kilowattstunde aus Batterien und gängigen Energieanbietern
- Durchführung und Planung physikalischer Versuche
- Teamarbeit: Förderung sozialer Umgangsformen
- Kombination von physikalischen und mathematischen Wissen
- Selbstständiges Arbeiten mit physikalischen Geräten
- Eigenständiges Lösen von Problemen
- Entwicklung eines Lösungsweges in der Gruppe
- Verschiedene Energiegewinnungsarten kennen lernen
- Lernen mit Energie verantwortlich umzugehen
- Zusammenhang zwischen Kosten und Nutzen der unterschiedlichen Energiegewinnungsmöglichkeiten erkennen und in der Lage sein diese zu interpretieren

Kapitel 4   Lösung

4.1   Was kostet eine Kilowattstunde (KWh) aus der Batterie?

Lösungsansätze:

⇒ Wie viel Energie enthält eine Ucar-Mignon Batterie?

Ausgehend von der Formel:

Welektr. = Pelektr. * t = U * I * t

Die elektrische Arbeit (Welektr.) kann auf 3 Arten ermittelt werden:

1. **Versuch mit dem Leistung-Energie-Messgerät**
2. **Computer: spezielle Hard- und Software (Ausdruck siehe Anhang)**
3. **Versuch mit zwei Vielfachmessgeräten**

1) Leistung-Energie-Messgerät

Versuch:

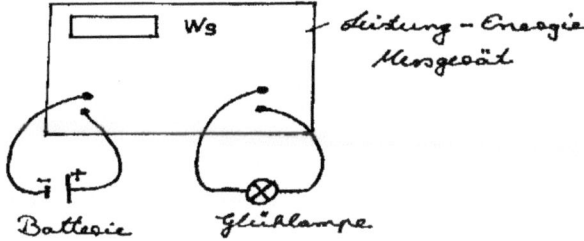

Das Leistung-Energie-Messgerät auf Wattsekunden einstellen. Die Batterie und die Glühlampe an das Messgerät anschließen. Messung starten und Ergebnis ablesen.

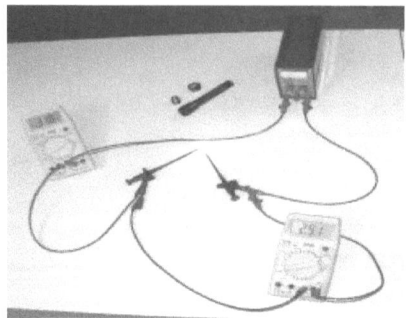

Abb. 1: Messung der Spannung und der Stromstärke

Anmerkung:

Bei der Messung mit unserer Ucar - Mignonbatterie erhielten wir den Wert P_{elektr} = 2718 Wattsekunden. Die Handhabung mit dem Leistung- Energie- Messgerät war einfach und verlief ohne Probleme. Allerdings sollte man die Zeit für diesen Versuch einkalkulieren. Unsere Messung dauerte ungefähr 6 Stunden.

Umrechnung: 3600 Ws – 1 Wh

2718 Ws – x Wh

X = 0,76 Wh

2) Computerprogramm

Spezielle Hard- und Software

Die Batterie mit Hilfe der Hardware anschließen und das Messprogramm/die Software starten.

In absehbarer Zeit wird dieses Computerprogramm Standard jeder naturwissenschaftlichen Schulsammlung sein. Der Aufbau ist sehr einfach, die Einstellungen am Programm anspruchsvoll, aber nicht schwierig. Mit Hilfe von Physik-Chemielehrer wird die Durchführung gut zu meistern sein.

Abb. 2: Messung mit dem Computerprogramm

Anmerkung:

Mit diesem Computerprogramm kann man auch Graphiken zur Messung erstellen, die sehr anschaulich die Messergebnisse darstellen. Daher ist die Miteinbeziehung des Computers empfehlenswert. (siehe Anhang: Graphik einer Mignonzelle)

3) Versuch mit zwei Vielfachmessgeräten

Ermittlung der Brenndauer:

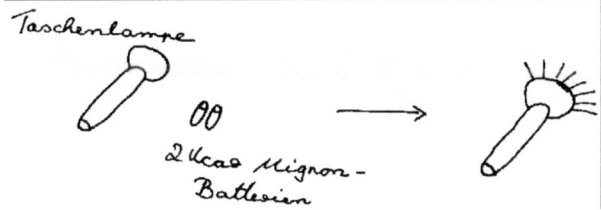

Zwei neue UCAR-Mignon Batterien zu je 1,5V in eine Taschenlampe einlegen. Die Brenndauer stoppen:

    _2,5_ h "Lesebetrieb"

    _0,5_ h "Funzelbetrieb"

An dieser Stelle sollte man entscheiden, ob man zurzeit nur die Brenndauer des „Lesebetriebs" mit einbezieht oder auch die Brenndauer „Funzelbetrieb" berücksichtigt.

Errechnung der Leistung:

Die Spannung und den Strom ablesen und die Leistung (Pelekt.) der Batterie errechnen.
Anhand von Pelekt. und der Brenndauer t kann Welektr. berechnet werden.
Die Spannung kann auch von der Batterie und die Stromstärke von dem Lämpchen abgelesen
werden. In einigen Fällen steht die Wattzahl auch schon auf dem Gewinde des Lämpchens.

Anmerkung:

Da aber unsere Taschenlampe ein Lämpchen hat, auf dessen die Angabe der Stromstärke
fehlt, haben wir diese selbst gemessen. Und zwar wie im folgenden Versuch beschrieben.
Will man diesen Versuch vermeiden, sollte man darauf achten, dass die Taschenlampe ein
Lämpchen enthält, auf welchem die Wattzahl steht.

Versuch:

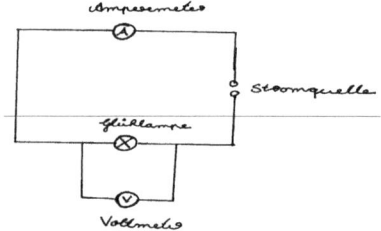

Aufbau eines einfachen elektrischen Stromkreises. Den Stromkreis unterbrechen und zwei
Vielfachmessgeräte anschließen. Mit den beiden Vielfachmessgräten werden die Spannung
und der Strom gemessen.

Ergebnis:

Spannung (U): 2,91V ~3V   Stromstärke (I): 0,319 A ~ 0,32A

Welekt.   = U * I * t   geg.: t = 2,5 h

          = 3V * 0,32A * 2,5 h

          = 2,4 Wh

Anmerkung:

Vergleicht man jetzt die beiden Ergebnisse der Wattstunden fallen einem die
unterschiedlichen Werte auf. Bei der Messung mit dem Leistung-Energie-Messgerät erhielten
wir einen Wert von 0,76 Wh und bei unserem Versuch mit der Taschenlampe einen Wert von

14

1,2 Wh (Das Ergebnis des Taschenlampenversuches war zwar 2,4 Wh, dies war aber für zwei Batterien. Daher 1,2 Wh für eine Batterie).

Da wir uns diesen Unterschied nicht erklären konnten, baten wir Herrn Bohrmann eine „UCAR Super life LR 6 Mignon Batterie" nochmals über ein Leistung-Energie-Messgerät und eine über den Computer zu entladen. Doch beide Ergebnisse waren unterschiedlich: Das Leistung-Energie-Messgerät (Herr Bohrmann hatte sogar zwei Messgeräte hintereinander geschaltet) lieferte zwei unterschiedliche Ergebnisse. Das eine ermittelte einen Wert von 2375 Ws = 0,66 Wh, das zweite Messgerät einen Wert von 2439 Ws = 0,68 Wh. Das Computerprogramm wiederum misste einen Wert von 0,925 Wh. (siehe Anhang: Graphik einer Mignonzelle)

Dies zeigt uns, dass selbst Batterien eines Fabrikats aus derselben Packung unterschiedlich viel Energie erhalten. Und noch eines haben wir festgestellt. Die Preisklasse ist auch entscheidend. Eine Panasonic- Mikrozelle enthielt mehr Energie, nämlich ca. 1,031 Wh, als eine UCAR- Mignonzelle.

4.2 Wie lange müsste die Sonne scheinen, bis die Solarzelle 1 KWh abgegeben hat?
1. Wie viel Leistung bringt uns unsere Solarzelle?

Versuch:

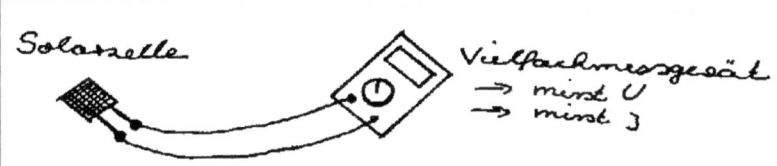

1. Schritt: Messen der Spannung

2. Schritt: Messen des Stroms

GRUPPE	SPANNUNG (V)	STROM (A)
1		
2		
3		
...		

15

Anmerkung:

Die Leistung einer Solarzelle ist mit einem Vielfachmessgerät leicht zu messen. Allerdings sollte der Umgang mit einem Vielfachmessgerät bekannt sein und an einem Gerät oder mit Zuhilfenahme einer Folie nochmals erklärt werden, dass keine Messprobleme auftreten.

Es sollte darauf hingewiesen werden, dass nur in der Sonne gemessen wird, um vernünftige Ergebnisse zu erhalten.

Unsere Messung hat folgende Ergebnisse geliefert:

Spannung: 470mV

Strom: 116 mA

Rechnung:

gegeben: Spannung (U) = 0,47 V   gesucht: Leistung (P) unserer

           Strom (I) = 116 mA   Solarzelle

           1000 mA – 1 A

            116 mA -- x A

           ————————————

$$x = \frac{116 \text{ mA} * 1 \text{ A}}{1000 \text{ mA}}$$

x = 0, 47 A

     P = U * I

     P = 0,47 V * 0,12 A

     P = 0,06 Watt

Antwort: Unsere Solarzelle bringt 0,06 Watt.

Eine Solarzelle gibt 80% der Energie ihrer Leistung ab.

→

    Wie viel Energie liefert unsere Solarzelle?

    100 % - 0,06 Watt

    80 % - x   Watt

————————————

$$x = \frac{80\% * 0,06 \ Watt}{100\%}$$

x = 0,48 Watt ~ 0,05 Watt

2. Wie lange müsste die Sonne scheinen, bis die Solarzelle 1 kWh abgeben hat?

Rechnung:

gegeben: $W_{elek.}$ = 1 kWh

                     = 1000 Wh

                P = 0,05 Watt

gesucht: „Dauer des Sonnenscheins" (t)

                W = P * t

$$t = \frac{W}{P}$$

$$t = \frac{1000 \ Wh}{0,05 \ Watt}$$

t = 20000 h = 834 Tage   = 2 Jahre und 104 Tage

Antwort: **Die Sonne müsste ~ 2 Jahre und 3 Monate scheinen, damit wir mit unserer Solarzelle 1 kWh erzeugen.**

Literaturverzeichnis

Fachdidaktische und Fachwissenschaftliche Literatur

(1)   **Bruhn, Jörn; Töpfer, Erich:**
Methode des Physikunterrichts
Quelle & Meyer, Heidelberg 1979,

(2)   **Schlichting, Hans- Joachim; Backhaus, Udo:**
Praxis und Theorie des Unterrichtens: Physikunterricht 5-10
Urban & Schwarzenberg, München, Wien, Baltimore 1981

(3)   **Sievert Jürgen:**
Texte zur Fachdidaktik: Theorie und Praxis des Physikunterrichts
Julius Klinkhardt, Bad Heilbrunn 1981

(4)   **Recknagel, Alfred:**
Physik – Elektrizität und Magnetismus
7. Auflage, VEB Verlag Technik, Berlin 1970

(5)   **Täubert, Paul:**
Studienbücherei: Elektrizitätslehre
Deutscher Verlag der Wissenschaften, Berlin 1976

(6)   **Lühe, Friedrich:**
Physik für Einsteiger – Lehr und Übungsbuch für Studienanfänger
Fachbuchverlag Leipzig / Carl Hauser Verlag, München, Wien 1997

(7)   **Hammer, Karl:**

Grundkurs der Physik , Teil 2

R. Oldenbourg Verlag, München, Wien, 1975

(8)   **Dransfeld, Klaus; Kienle, Paul:**

Physik, Elektrodynammik: Einführungskurs für Studierende der Naturwissenschaften

und Elektrotechnik

3. Auflage, R. Oldenbourg Verlag, München, Wien, 1998

(9)   **Hänsel, H.; Neumann, W.:**

Physik eine Darstellung der Grundlagen, III Elektrische und magnetische Felder /

Strahlenoptik

Deutscher Verlag der Wissenschaften, Berlin, 1973

Internetadressen

(1)   www.wes-zeitung.de/Unterricht/Faecher/Chemie/Facharbeit%20

Brennstoffzelle/Brennstoffzelle

(2)   www.solarserver.de/wissen/photovoltaik.html

(3)   www.lernwelten.ch/oeko/batt/batterie

Schulbücher:

(1)   Natur und Technik CVK Physik Gesamtausgabe: Ein neues Arbeits- und

Informationsbuch

Heepmann, Bernd; Muckenfuß, Heinz; Schröder, Wilhelm; Stiegler, Leonard

1. Auflage, Cornelsen Verlag, Berlin 1987

(2)   Spektrum Physik, Gymansium 10

Schroedel Verlag GmbH, Hannover 2001

(3)   Natur und Technik: Hauptschule Baden Württemberg Physik 8
        Cornelsen Verlag, Berlin 1994

(4)   Physik für Gymnasien 3 Länderausgabe Baden Württemberg
        Cornelsen Verlag, Berlin 1995

Anhang

SOLARZELLEN

Was ist eine Solarzelle?

➤ Dient zur umweltfreundlichen Energiegewinnung, da bei Betrieb keine Schadstoffe produziert werden
➤ Sonnenenergie wird in elektrische Energie umgewandelt
➤ Einsatz: Zur Energieversorgung von Satelliten und elektrischen Geräten, die wenig Energie verbrauchen (Armbanduhr, Taschenrechner)
➤ Nachteil: Erzeugung der elektrischen Energie relativ teuer und nicht in gewaltigen Mengen möglich, die benötigt werden
➤ Energieerzeugung nur, wenn die Sonne scheint

Messungen mit Solarzellen:

SOLARZELLEN	SPANNUNG (U)	STROM (I)
1	450 mV	94 mA
2	520 mV	102 mA
3	480 mV	99 mA
4	**470 mV**	**116 mA**

Messung mit einem Vielfachmessgerät:

1. Was soll gemessen werden?

    Strom: Kabel bei Ampere anschließen

    Spannung: Kabel bei Volt anschließen

2. Wählbereich bestimmen

    Strom: A, mA,

    Spannung: V, mV

1.   Den Messbereichsschalter zunächst auf den größten Stromstärkewert einstellen.

2.   Ist der Zeigerausschlag zu klein, dann zuerst Gerät ausschalten und den Wählschalter auf den nächst kleineren Messbereich umschalten. Dies so oft wiederholen, bis der Messwert am größten ist.

WICHTIG: Bei unseren Messungen immer den Gleichstrombereich auswählen:

Gleichstrom: Beim Gleichstrom bewegen sich die Elektronen immer in gleicher Richtung, und zwar vom Minuspol zum Pluspol der Stromquelle.

Wechselstrom: Beim Wechselstrom wechselt die Stromquelle fortwährend ihre Polung; entsprechend wechselt der elektrische Strom seine Richtung.

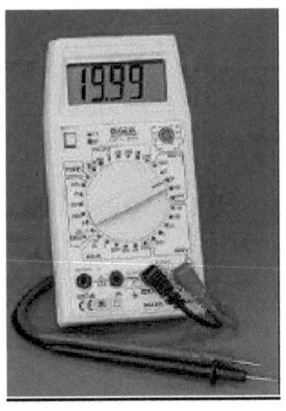

Tafelbild

A   WAS KOSTET EINE KILOWATTSTUNDE (KWH) AUS BATTERIEN?

Das lässt sich leicht ausrechnen, wenn man weiß:

1.   **Wie viel Energie in _einer Batterie steckt:_**

VERSUCH:

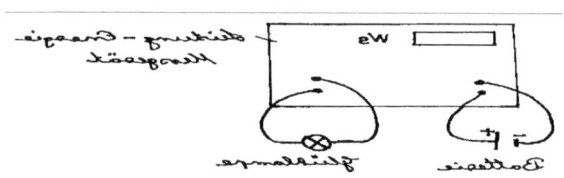

1 Wh – 3600 Ws

ERGEBNIS: 2718 Wattsekunden (Ws)

UMRECHNUNG

3600Ws – 1 Wh

2718 Ws – x Wh

$$x = \frac{2718\ Ws * 1\ Wh}{3600\ Ws}$$

x = 0,76 Wh

ANTWORT: Unsere Ucar- Mignonbatterie enthält 0,76 Wh Energie.

24

2. Was eine Ucar- Mignonbatterie kostet:

RECHNUNG: 4 Stück – 2,55 €

1 Stück -   x   €

$$x = \frac{1 \text{ Stück} * 2,55 \text{ €}}{4 \text{ Stück}}$$

x = 0.6375

ANTWORT: *Unsere Batterie* kostet ~0,64 €

3. Was kostet eine kWh aus unserer Ucar –Mignonbatterie?

RECHNUNG:

gegeben: W= 0,76 Wh   gesucht: Preis für 1kWh

Preis der Batterie= 0,64 €

0,76 Wh – 0,64 €

1000Wh -   x   €

$$x = \frac{1000 \text{ Wh} *0,64 \text{ €}}{0,76 \text{ Wh}}$$

x = 842,11 €   ~ 840 €

ANTWORT: Eine kWh aus unserer Ucar – Mignonbatterie kostet 840 €.

B   WIE LANGE MÜSSTE DIE SONNE SCHEINEN; BIS DIE SOLARZELLE 1 KWH
ABGEGEBEN HAT?

1. Wie viel Leistung bringt uns unsere Solarzelle?

VERSUCH

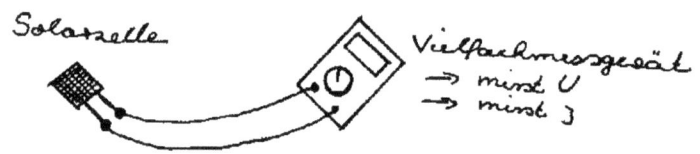

GRUPPE	SPANNUNG (V)	STROM (A)

1 UMRECHNUNG

gegeben: **Spannung (U) = 0,47 V**

Strom (I) = 116 mA

gesucht: **Leistung (P) unserer Solarzelle**

1000 mA – 1A

116 mA -   x A

_____

116 mA *1 A

x = _____

1000 mA

x = 0, 47 A

2. RECHNUNG:

P = U * I

P = 0,47 V * 0,12 A

P = 0,06 Watt

26

ANTWORT: Unsere Solarzelle bringt 0,06 Watt.

Wir wissen,

dass eine Solarzelle im günstigsten Fall 80% der Leistung, die sich aus den oben genommenen Werten ergibt, liefert:

$P_{max} = U * I * 0,8$

$P_{max} = P * 0,8$ $P = 0,06$ Watt

$P_{max} = 0,06$ Watt $* 0, 8$

$P_{max} = \underline{0,48 \text{ Watt}} \qquad \sim 0,05 \text{ Watt}$

ANTWORT: 0,05 Watt liefert uns im günstigsten Fall unsere Solarzelle.

Wie lange müsste die Sonne scheinen, bis die Solarzelle 1 kWh abgegeben hat?

RECHNUNG

gegeben: $W_{elek.} = 1$ **kWh**

                        $= 1000$ **Wh**

            $P = 0,05$ **Watt**

gesucht: **„Dauer des Sonnenscheins" (t)**

            $W = P * t$

            $t = \underline{W}$

$$t = \frac{P}{1000 \text{ Wh}}$$

0,05 Watt

$t = 20000 \text{ h} = 834 \text{ Tage}$

$= 2 \text{ Jahre und } 104 \text{ Tage}$

ANTWORT: **Die Sonne müsste ~ 2 Jahre und 3 Monate scheinen, damit wir mit unserer Solarzelle 1 kWh erzeugen.**

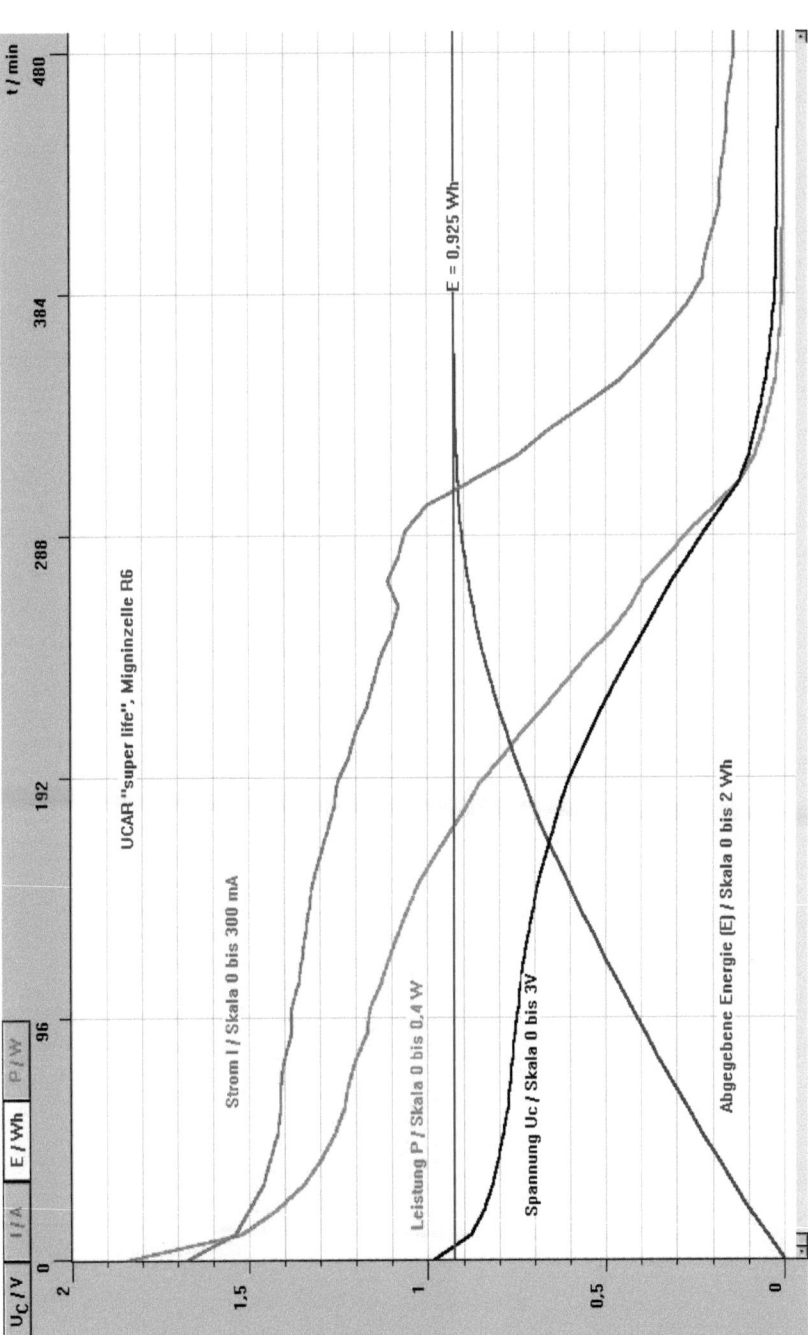

UCAR "super life", Migninzelle R6

Strom I / Skala 0 bis 300 mA

Leistung P / Skala 0 bis 0,4 W

Spannung U$_C$ / Skala 0 bis 3V

Abgegebene Energie (E) / Skala 0 bis 2 Wh

E = 0,925 Wh

U$_C$ / V

I / A   E / Wh   P / W

t / min